30 Beweise für eine flache Erde
Unser Planet ist eine Scheibe

Mutter Hautberg

30 Beweise für eine flache Erde

Unser Planet ist eine Scheibe

Bibliografische Information der Deutschen
Nationalbibliothek
Die Deutsche Nationalbibliothek verzeichnet
diese Publikation in der Deutschen
Nationalbibliografie; detaillierte bibliografische
Daten sind im Internet über http://dnb.d-nb.de
abrufbar.

ISBN 9783755770411

Copyright (2021)
Herstellung und Verlag: Books on Demand
GmbH, Norderstedt

14,99 Euro

Lieber Kundige, Interessent, Skeptiker oder neugieriger Sucher,

ja, Du liest richtig. Die Erde ist flach wie ein Pfannkuchen. Eigentlich so, wie es das Mittelalter aufzeigt. Nur der Elefant, die Schildkröte und die Säulenträger fehlen. Die nächsten Seiten werden Dir sehr viele Beweise aufzeigen. Hieb und stichfest. Mit Sachverstand und weitem Horizont.

„Wir sind nur eine Scheibe unter vielen. So, wie die Platten in einer Jukebox. Gott wählt die Lieder und besucht uns im Hören".

Hautberg auf einer Tagung der evangelischen Flacherdler 1987.

1. Beweis

Wenn man einen Ball auf die Erde legt bleibt dieser liegen. Wäre die Erde auch eine Kugel, würde der Ball ja unendlich um die Erde kullern.

2. Beweis

Wenn ich immer weiter in eine Richtung laufe, komme ich irgendwann an einer Barriere an. Meist sind es die Pole, die von der Regierung geschützt werden. Würde es diesen Schutz nicht geben, würden wir den Abgrund ersehen.

3. Beweis

Wenn man ein Loch in die Erde gräbt wird man irgendwann an einer sehr harten Masse ankommen. Das ist das Schutzgeflecht durch das niemand kann. Damals dachten die Menschen, es sei ein sehr harter Schildkrötenpanzer. Heute weiß man, dass es einfach eine unzerstörbare Matrix ist, die, die Scheibe hält.

4. Beweis

Die Sonne ist auch nur eine Scheibe auf die wir hinab gucken.

5. Beweis

Wenn die Erde wirklich rund wäre, wären unsere Köpfe flach.

6. Beweis

Folgendes Experiment. Suchen Sie sich in der Natur einen freien Erdplatz. Also direkten Kontakt. Nun stampfen sie mit voller Kraft einmal auf den Boden, legen hiernach ihr Ohr auf den Boden und schauen, ob es ein Echo gibt. Irgendwer auf der anderen Seite würde es doch hören und antworten oder?

7. Beweis

Wenn man ein Lineal auf die Erde legt, dann liegt es auch genau an. Wäre die Erde eine Kugel würde es nicht eng anliegen.

8. Beweis

Das AußerirdischenVolk Argasten zerstört
nur runde Planeten. Sie sind schon mal
an der Erde vorbeigeflogen und haben
diese nicht angegangen.

9. Beweis

Wäre die Erde rund, würde man in der
Ferne die Wolken, die Erde küssen sehen.

10. Beweis

Meere würden ständig irgendwelche Gefälle runterstürzen, aber sie sind flach und gleichwellig.

11. Beweis

Wenn man eine Rakete startet geht sie kerzengerade nach oben. Wäre die Erde rund und würde sich drehen, dann würde die Rakete ja vorbeiwehen sobald sie in der Luft ist.

12. Beweis

Wenn Du hochspringst landest Du auf derselben Stelle.

13. Beweis

Der Philosoph Gunnar Feinfrei liebte das Knäckebrot und meinte stets, es sei seine Erde.

14. Beweis

Gasrohre und andere Leitungen sind stets gerade und lang. Sie gehen über weite Gebiete. Kein Knick ist nötig.

15. Beweis

Stürme, Orkane und so weiter können sich nur bilden, weil sie über eine sehr lange, große, ebene Strecke Kraft sammeln können. Mit einer Rundung wäre dies nicht möglich.

16. Beweis

Ansonsten würde es doch nicht so viele
Youtubevideos davon geben.
22

17. Beweis

Wenn die Erde eine Kugel wäre, dann würden Flugzeuge (Wenn sie gerade fliegen) einfach aus dem Orbit rausfliegen.

18. Beweis

Corona

24

19. Beweis

Schallwellen stoßen gegen keine Rundbarriere

20. Beweis

In manchen Höhlen würde man am unteren Ende der Welt ankommen. Die Armee schützt diese Gebiete. Die Hohlerde ist kein Mythos. Es ist eine Auslegungssache, da man von einer runten Erde ausgeht und denkt, dass man im Kern auf einen freien Innenraum stößt. Jedoch ist da nichts mehr.

21. Beweis

Siehe Hieronymus Bosch

27

22. Beweis

So steht es schließlich in der Bibel

23. Beweis

Schau Dir den Horizont an. Er ist gerade!

24. Beweis

Man kann die Antarktis nicht durchwandern, weil dort eine eisige Wand steht und uns vor dem Fall ins Nichts bewahrt. Nicht nur die Wand ist dort, sondern auch das Militär.

25. Beweis

Kinder krabbeln nicht. Sie umarmen
ständig die flache Erde.

26. Beweis

Gibt doch nicht umsonst das Sprichwort:
„Die Form der Erde, beschau am Rücken
der Pferde."

27. Beweis

Wenn Xavier Naidoo an eine flache Erde glaubt, dann muss man da mitglauben.

28. Beweis

Die Petrischale ist ein Nährboden, der die Erde nachahmt. Ist die Schale rund?

34

29. Beweis

Mal einmal eine Erde in runder Form und
in flach. Beschaue danach Dein Ergebnis
und wähle die Wahrheit mit
Bauchgefühl.

30. Beweis

Diese runde Erdesache soll uns einen Weltraum vorgaukeln. Hiermit benennt man alle Dämonen und Geister gleichsam als Außerirdische.